Eyjafjallajökull

Ari Trausti Guðmundsson | Ragnar Th. Sigurðsson

Eyjafjallajökull

Der ungezähmte Vulkan

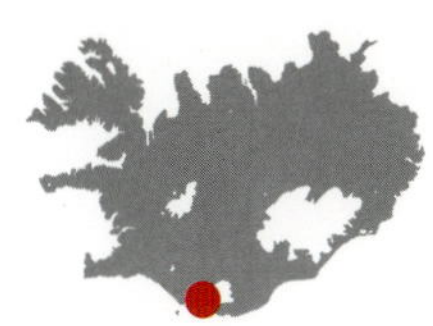

Bassermann

ISBN 978-3-8094-2792-6

Originaltitel: Eyjafjallajökull

Umschlaggestaltung: Atelier Versen, Bad Aibling
Übersetzung: Dr. Richard Kölbl
Redaktion: Herta Winkler
Bildverarbeitung: Ragnar Th. Sigurđsson
Design und Layout: Uppheimar/Ađalsteinn Savanur Sigfússon
Herstellung: Sonja Storz

Druck: Mohn Media, Mohndruck, Gütersloh

Printed in Germany

817 2635 4453 6271

Verlagsgruppe Random House FSC®-DEU-0100
Das für dieses Buch verwendete FSC®-zertifizierte Papier *Core silk* liefert
die Firma Deutsche Papier, Augsburg.

FSC www.fsc.org MIX Aus verantwortungsvollen Quellen FSC® C011124

INHALTSVERZEICHNIS

ÜBER DEN AUTOR

Der Geophysiker **Ari Trausti Guðmundsson** hat sich seit 1980 als Autor einen Namen gemacht. Die meisten Bücher aus seiner Feder befassen sich mit Geologie, Vulkanologie oder Astronomie; außerdem sind Berg- und Wanderführer darunter. Sein Werk umfasst mittlerweile über 30 Titel - nicht nur in Isländisch. In Deutsch sind z.B. erhältlich: ein Überblick über die Geologie Islands *Lebende Erde* oder ein Bildband mit poetischen Texten zu zauberhaften Motiven aus isländischen Landschaften *Wesentlich Island*. Englische Titel sind z.B. *Focus on Iceland, YZT-Calligraphy of landscape* oder *North light*. In Isländisch gibt es u.a. *Íslenskar eldstöðvar* (Islands Vulkane), *Eldgos 1913-2004* (Vulkaneruptionen 1913-2004) und *Frost og funi* (Feuer und Eis, vom Ausbruch bei Gjálp in Vatnajökull 1996). Daneben veröffentlichte Ari Trausti Kurzerzählungen, Gedichtbände und Romane, bislang nahezu ausschließlich in Isländisch. Neben seiner publizistischen Tätigkeit ist er auch für seine Beiträge und Features im isländischen Rundfunk und Fernsehen bekannt. Ari Trausti zählt zu den erfahrensten Bergsteigern und Outdoorspezialisten Islands. Er führte Expeditionen zum Nordpol und in andere abgelegene Gebiete der Erde durch. Schließlich organisierte er Ausstellungen zu naturwissenschaftlichen und ethnologischen Themen und beteiligte sich am Aufbau von Museumssammlungen im In- und Ausland. Ari Traustis Schaffen hat eine Reihe bedeutender Anerkennungen erfahren, u.a. den Laxness-Preis (2002), eine Auszeichnung der isländischen Forschungsorganisation RANNÍS für die Vermittlung wissenschaftlicher Erkenntnisse an die interessierte Öffentlichkeit (2007), sowie die Nominierung für den isländischen Literaturpreis 2001.

ÜBER DEN FOTOGRAFEN

Ragnar Th. Sigurðsson machte seine Ausbildung zum Fotografen in Island und Schweden. Zu Beginn seiner Laufbahn arbeitete er für Zeitungen, gründete aber bald mit Arctic Images seine eigene Fotoagentur. Ragnars Stärken in der Fotokunst liegen auf vielen Gebieten: in der Porträtfotografie ebenso wie in Landschafts- und Naturaufnahmen. Arctic Images hat eine einzigartige Sammlung von Fotografien der besonderen und reizvollen Natur arktischer Gebiete aufgebaut, darunter natürlich auch von Island. Viele große Bildbanken verkaufen Lizenzen an seinen Aufnahmen. In Island arbeitete er u.a. für den Staatspräsidenten und die Stadt Reykjavík, im Ausland für u.a. National Geographic, Time, Newsweek, Toyota, Icelandair, New York Times und Discover the World. Ragnar Th. beteiligte sich an einer Reihe von renommierten Ausstellungen, hielt Kurse zur Fotografie ab und bekam u.a. drei Auszeichnungen von Clio zuerkannt. 1995 nahm er an einer Expedition zum Nordpol teil. Er ist wie Ari Trausti Mitglied in The Explorers Club. Ragnar Thor und Ari Trausti haben gemeinsam einige Bücher herausgebracht, darunter allein vier über Geologie und den Vulkanismus in Island.

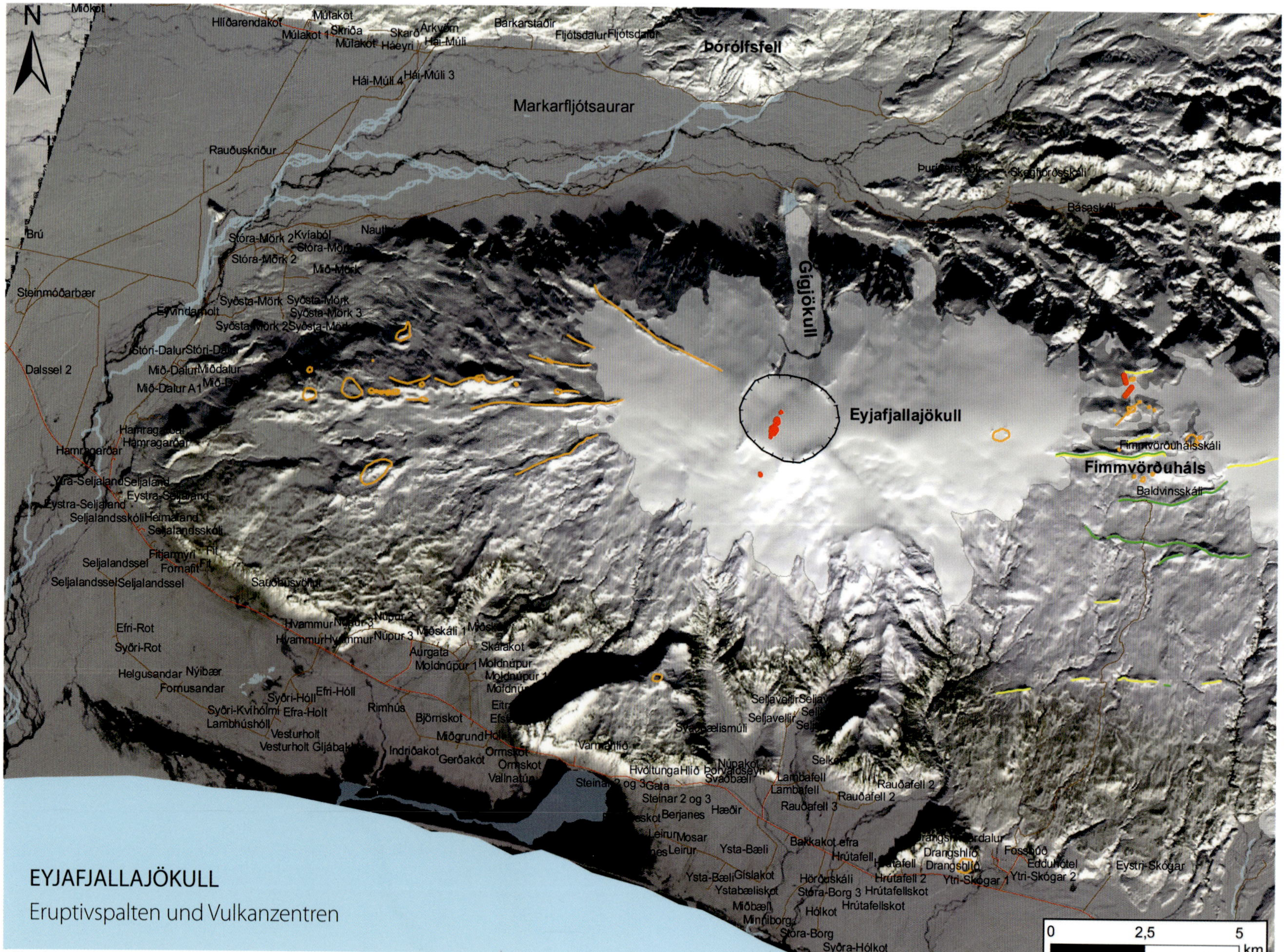

EYJAFJALLAJÖKULL

Eruptivspalten und Vulkanzentren

Siehe Seite 111

- Eruptionsstelle vom 14.04. 2010 um 10:30
- Eruptionsstelle von März - April 2010
- Caldera
- Krater
- Eruptivspalten
- Junge Hyaloklastitrücken
- Spalten, Brüche

ZUM GELEIT

Dieses Buch haben wir im Mai 2010 verfasst, als die Eruption im Eyjafjallajökull noch andauerte. Sie hatte eine Phase erreicht, in der die Aschenförderung nur mehr ein Zehntel oder weniger der Menge betrug, die zu Beginn der Eruption produziert wurde. Aber noch illuminierten nachts Blitze, glühende Wurfschlacken und Lavabomben die Eruptionswolke. Ein Lavastrom war dabei, sich unter dem steil abfallenden Auslassgletscher Gígjökull durchzuschmelzen, der nördlich der aktiven Krater entspringt. Er hatte schon einige Kilometer von der am längsten aktiven Krateröffnung zurückgelegt. An der Front der Gletscherzunge machte er sich mit seinen Auswirkungen bereits bemerkbar.

Wir hoffen, dass es den Fotografien gelingt, Großartigkeit und Urgewalt dieser nun schon seit einiger Zeit andauernden Eruption wiederzugeben. Gleichzeitig sollen sie von den Auswirkungen des Ausbruchs erzählen, der im März 2010 zunächst mit einem ästhetischen Feuerspiel begonnen hatte, dessen Begleiterscheinungen weniger unangenehm waren, als die spätere Fortsetzung als Ascheeruption im Gipfelbereich des Eyjafjallajökull mit sich bringen sollte.

Die meisten Vulkaneruptionen haben auch einen buchstäblich düsteren Aspekt. So eindrucksvoll ein solches Naturschauspiel auch sein mag, es hat in einer der bedeutendsten und blühendsten Agrarregionen des Landes erhebliche Schäden verursacht. Davon sind in erster Linie die Nahgebiete südlich und östlich des Vulkans betroffen. Dazu kommen die Belastungen und Probleme unterschiedlichster Art - von finanziell bis psychisch -, mit denen sich die Bevölkerung in den vom Aschenfall am stärksten heimgesuchten Gebieten konfrontiert sieht. Ganz zu schweigen von dem Schmerz und der Trauer, wenn der Landwirt sich gezwungen sieht, seine Tiere notschlachten zu müssen. Das Zeitungsbild von einem Landwirt, der seinen ruhig dastehenden Grauschimmel an sich drückt, bevor der seinen letzten Weg trabt, schneidet jedem ins Herz.

Die Auswirkungen auf den internationalen Luftverkehr waren nicht minder gravierend. Der dabei entstandene finanzielle Schaden ist enorm, ganz abgesehen von den vielfältigen Problemen und Scherereien, mit denen sich Millionen Passagiere herumschlagen mussten. Möglicherweise aber werden diese Ereignisse sogar zum Auslöser für eine Verbesserung des Umgangs mit zukünftigen, vergleichbaren Situationen auf internationaler Ebene.

Unser Ziel ist kein Bericht von den Ereignissen in allen Details. Vielmehr wollen wir Wissenswertes über Vulkanismus erzählen und dadurch einen Einblick in die Eruptionen des Eyjafjallajökull mit ihren unterschiedlichen Erscheinungsformen geben. Zwar waren es heftige und bedrohliche vulkanische Ereignisse, doch müssen sie im Vergleich zu anderen auf der Erde bekannten Eruptionen trotzdem als vergleichsweise gering eingestuft werden.

Eine Bemerkung noch zu den für Nichtisländer schon von der Aussprache her etwas schwierigen Begrifflichkeiten. Der Name Eyja-fjalla-jökull bedeutet wörtlich übersetzt "Gletscher der Inselberge". Wenn man das -ll- wie *-ttl-* im deutschen Wort "Vermittler" ausspricht und sich auf das u noch zwei Punkte denkt, dann kommt man mit *äija-fjattla-jöküttl* der richtigen Aussprache schon recht nahe. Dieser Name bezeichnet strenggenommen nur den Gletscher (=jökull) auf dem Gebirgsmassiv, das sich parallel zur Südküste zwischen Markarfljót und Skógarfoss hinzieht. Dieses Massiv heißt "Inselberge" (=Eyjafjöll, also Mehrzahl) und ist nach den südlich vorgelagerten Westmännerinseln benannt. Das Vulkansystem unter dem Gletscher selbst hat keinen eigenen Namen, sondern wird einfach auch mit Eyjafjallajökull bezeichnet. Anders beim Nachbargletscher Mýrdalsjökull: dessen Vulkansystem hat einen eigenen Namen: Katla.

Ari Trausti Guðmundsson
Autor und Geophysiker

Ragnar Thor Sigurðsson
Fotograf

EINES NICHT SO SCHÖNEN TAGES . . .

Am Abend des 20. März und in der darauffolgenden Nacht herrschte trübes Wetter in Südisland. Die Wolken hingen tief und die meisten Bewohner des oft sturmumtosten Landstrichs lagen in tiefem Schlaf. Gegen 22:30 brach eine Vulkanspalte auf dem Pass Fimmvörðuháls auf, der den mächtigen Eyjafjallajökull mit einem noch größeren Vulkanmassiv verbindet: der berüchtigten Katla. Die seismischen Messgeräte registrierten von diesem Ereignis nur schwache Signale, aber am Fuß der Eyjafjöll behaupteten Beobachter hartnäckig, dass irgendwo dort oben eine Eruption begonnen hatte. Nach kurzer Zeit traf ein mit ausgefeilter Technik neu ausgerüstetes Flugzeug der isländischen Küstenwache am Schauplatz ein. Das war der schnellste Weg, um sich ein Bild von der Lage in der unzugänglichen, tiefverschneiten Bergregion zu machen. Die Bestätigung sprach sich wie ein Lauffeuer herum: Eruption am Eyjafjallajökull! Das vorangegangene Verhalten des Vulkanmassivs hatte zwar auf eine solche Möglichkeit schließen lassen, aber eher auf einen Ausbruch im Gipfelbereich als an seiner Flanke. Aber es gab nichts daran zu rütteln. Eine etwa 500 m lange Eruptivspalte auf dem Pass stieß Asche und Bims aus, hauptsächlich aber Lava. Von unten sah man die Eruption nach wie vor kaum, aber die spätere Auswertung der geophysikalischen Messdaten ergab allmählich ein genaueres Bild davon, was sich da abspielte. Vorsichtshalber wurde sofort die höchste Alarmstufe ausgelöst: weder war die genaue Position der Eruptionsspalte bekannt, noch wusste man, ob sie ihre endgültige Länge schon erreicht hatte oder wie sich die Eruption überhaupt weiterentwickeln würde. Die Eiskappe im oberen Bereich des Vulkanmassivs machte die Lage potenziell gefährlich. Man musste von einer großen, zerstörerischen Sturzflut aus dem Gletscher (Gletscherlauf) ausgehen, wenn die Spalte bis unter den Gletscher reichte. Die Evakuierungspläne waren sofort in Gang zu setzen. Zwischen 300 und 400 Menschen mussten ihre Wohnungen und Arbeitsplätze Knall auf Fall verlassen. Nach kurzer Zeit stand jedoch fest, dass die neue Eruptionsspalte zur Gänze in nichtvergletschertem Gebiet auf ca. 1000 m über Meeresniveau lag. Daher konnte ein Gletscherlauf ausgeschlossen werden und die Evakuierten kehrten etwa einen Tag später wieder in ihre Häuser zurück.

Während der ersten Tage des Ausbruchs auf dem Fimmvörðuháls bildete sich ein schön geformter Kraterkegel aus (rechts). Ein Lavastrom floss in die Schlucht Hrunagil. Wo er auf Schnee traf, stiegen Dampfwolken auf.

Die Hauptkrater auf dem Fimmvörðuháls in einer frühen Eruptionsphase.

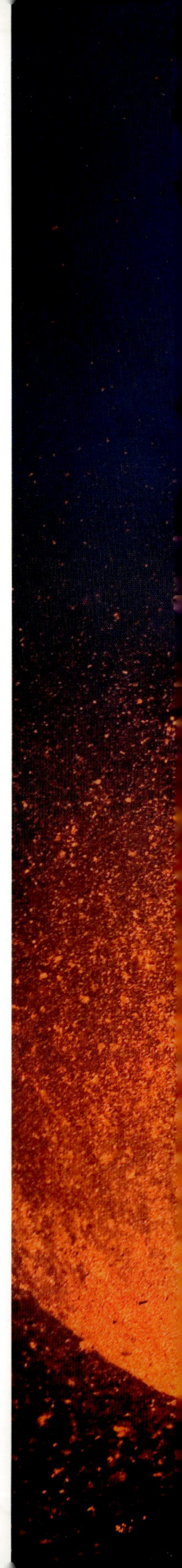

BEZAUBERNDE HEXE

Die Eruption auf dem Fimmvörðuháls ging verhältnismäßig schnell in eine gleichmäßig stabile Phase über. Es war, verglichen mit so manch anderen Ausbrüchen der vorangegangenen Jahrzehnte, ein relativ geringfügiges Ereignis. Allmählich wurde klar, dass das Magma aus großen Tiefen in einem Hauptkanal unter der Nordostflanke des Vulkans aufstieg und durch einen schrägen Zufuhrkanal auf dem Fimmvörðuháls in ziemlicher Entfernung vom Hauptkanal ausbrach. Am 24. März gab es mächtige Lavafontänen, die Tephra (Asche, Bims und Wurfschlacken) produzierten. Der größte Teil des Magmas trat aus vier Krateröffnungen als Lavastrom aus. Die Eruption hatte um die Öffnungen bereits einen beträchtlichen Kraterkegel aufgehäuft. Der höchste aus Aschen und Schlacken bestehende Krater bekam offiziell den Namen Magni, sein etwas niedrigerer Nachbar wurde Móði getauft, nach den zwei Söhnen des Donnergottes Thor.

Die höchsten Lavafontänen erreichten 100 - 150 m. Der Lavastrom war grobblockig, dick und meist sehr zähflüssig. Er kroch ausgesprochen langsam als breite Lavazunge nach Norden und Nordosten. Auf der Hochebene des Passes, auf der die Krater lagen, war die Fließgeschwindigkeit gering. Sie nahm aber mit zunehmendem Gefälle nach Norden zu. Auf dem Lavafeld sah man gelegentlich glühende Rinnsale, in denen das geschmolzene Gestein an den Rand floss. In einiger Entfernung von den Kratern stürzte die Lava in prachtvollen Lavafällen an der Abbruchkante der Hochebene in die Schlucht Hrunagil. Dort kam sie mit Wasser und Schnee in Kontakt und erzeugte hochreichende und mächtige Dampfsäulen, die in der Dämmerung von der darunterliegenden Glut gespenstisch erleuchtet wurden. Am 31. März nahm das neue Lavafeld die Fläche von einem Quadratkilometer ein. An dem Tag stürzte die Lava noch in die Schlucht Hrunagil, floss aber auch als hoher, glühender Lavafall in die nordwestlicher gelegene Schlucht Hvannárgil. Am selben Abend riss unmittelbar westlich der ersten Eruptionsspalte eine weitere Spalte auf. Innerhalb weniger Stunden waren sieben lebhafte, aber kleine Lavafontänen aus der Erde hervorgebrochen, die rasch Kraterhügel um sich herum aufhäuften. Auch diese neue Eruptionsspalte schien von demselben Zufuhrkanal gespeist zu werden, allerdings ohne der älteren das Wasser bzw. das Magma abzugraben; vorerst zumindest nicht. Der Anblick der vulkanischen Öffnungen erinnerte an ein gigantisches, bis aufs Blut verwundetes Untier oder ein offen daliegendes, blutendes Herz, von roten Adern umgeben.

Lava fließt in die Schlucht Hrunagil. Die Betrachter wirken dagegen ameisenhaft klein.

EINE DER VULKANISCH AKTIVSTEN REGIONEN DER ERDE

Island umfasst eine Fläche von 103.000 km^2. Wenn man das berücksichtigt, kann man ohne Weiteres behaupten, dass die Insel zu den aktivsten vulkanischen Regionen der Erde zählt, was die Häufigkeit und die Vielfalt vulkanischer Ereignisse angeht. In den letzten neun bis zehn Jahrhunderten gab es in Island im Durchschnitt alle vier Jahre eine Vulkaneruption. Einige davon waren gering und dauerten nur kurz, andere dagegen zogen sich jahrelang hin. Es gibt in Island sowohl klassische Vulkankegel, aber auch vulkanisch aktive Stellen von ganz anderem Aussehen sowie lange Kraterreihen. Wenn man jede dieser Erscheinungsformen jeweils als einen Vulkan betrachtet, kommt man leicht auf einige Hundert insgesamt. In historischen Zeiträumen, die in Island traditionell etwa 1150 Jahre umspannen, sind die vulkanischen Feuer in dem Land an die 250 Mal ausgebrochen. Die Insel wurde und wird in ihrer Gesamtheit vom Feuer aus dem Erdinneren geschaffen. Die ältesten vulkanischen Gesteine, die an der Oberfläche sichtbar sind, liegen im äußersten Osten des Landes sowie in den Westfjorden. Man datiert sie auf ein Alter von etwa 16 Millionen Jahren. Die jüngsten Gesteine findet man dagegen in einer Zone von der Halbinsel Reykjanes im Südwesten quer über das zentrale Hochland nach Nordisland. Sie treten in den Spreizungs- oder Riftzonen auf, die das Land quer durchziehen. Daneben kommen sie aber noch in zwei kleineren lateralen Vulkanzonen vor. Gesteinsplatten gigantischen Ausmaßes, die aus der Erdkruste und der obersten Schicht des Erdmantels bestehen, driften entlang des untermeerischen mittelatlantischen Rückens und in Island auseinander. Das Auseinanderweichen der Platten geschieht im Schnitt mit 2,5 cm pro Jahr. Aus dieser divergenten Bewegung lässt sich die Altersverteilung der isländischen Gesteine im Wesentlichen herleiten. Die Plattenbewegung und ein aktiver Hot Spot sind die Ursache dafür, dass sich in den vulkanisch aktiven Zonen zahlreiche Vulkansysteme aneinanderreihen. Sie sind nicht aufs Festland beschränkt, sondern sie setzen sich auf dem Meeresboden in den Riftzonen vor der Südwest- und Nordostküste fort.

Blick auf den Mýrdalsjökull und zur Katla über den Gletscher Kötlujökull im Vordergrund.

Auf dem Fimmvörðuháls, 27. April.

DER ISLÄNDISCHE HOT SPOT

Beim Auseinanderweichen der kontinentgroßen Gesteinsplatten dringt Magma lokal an bestimmten Stellen nach oben. Über längere Zeiträume gesehen geschieht dies zwar entlang der gesamten Plattengrenze, aber nicht überall gleichzeitig, sondern an ein und derselben Stelle mit zeitlichem Abstand immer wieder einmal. Die Plattenbewegung erzeugt Spannungen in den Krustengesteinen, sie brechen und bilden dabei ganze Bündel von Bruchlinien aus. Unter anderem entstehen dabei weit offene Zerrspalten und Klüfte. Die bruchhaften Bewegungen werden von häufigen Erdbeben begleitet, von denen die meisten aber gering oder nur mäßig stark sind. Die tiefen Magmenbewegungen an den Plattengrenzen und der Hot Spot lassen Schmelzen in die oberflächennahen Spalten eindringen. Der überwiegende Anteil der Magmen gelangt aber erst gar nicht so weit nach oben, sondern erstarrt (gefriert gewissermaßen) von unten an die Platten an und vergrößert auf diese Weise die Masse des Landes unterirdisch im Takt mit den Plattenbewegungen. So wird die große Insel zusammengehalten. Der Hot Spot ist ein Gebiet auf der Erdoberfläche, das von einem aus sehr großer Tiefe zylindrisch aufsteigenden Materialstrom aus dem Erdmantel beeinflusst wird. Von Hawaii ist etwas sehr Ähnliches gut bekannt. Das zähplastische Mantelgestein in dieser aufsteigenden Zone (fachsprachlich "plume") bewegt sich langsam nach oben, wobei ein kleiner Anteil schmilzt und sich in nach oben zu immer größer werdenden magmengefüllten Adern und Kluftfüllungen ansammelt. Vor etwa 20 Millionen Jahren befand sich der isländische Hot Spot nahe an oder direkt auf der Plattengrenze. Zusammen mit den Magmen, die entlang der Plattengrenzen aufsteigen, sorgt der Mantelplume für so reichlichen Nachschub von geschmolzenem Gestein, dass sich eine massive Schichtfolge von Laven aufbauen konnte. Zudem wölbt sich die Erdoberfläche über dem Mantelplume auf. Aus diesen zwei Gründen hebt sich Island überhaupt so hoch über den Meeresspiegel. Gleichzeitig dringen enorme Magmamengen in die isländische Kruste ein, wo sie letztlich von den Vulkansystemen aufgenommen werden. Charakteristisch für Island ist Basalt - ein Sammelbegriff für bestimmte Typen vulkanischer Gesteine. Basaltische Magmen verursachen in der Regel Lavaausbrüche. Andere Magmentypen sind zähflüssiger und die Eruptionen dieser Magmen tendenziell explosiver (gemischte Laven- und Ascheneruptionen). Bei Magmen des zähesten (und kieselsäurereichsten) Typs wird nahezu nur Asche gefördert.

VULKANZONEN UND VULKANSYSTEME

Für den Besucher in Island ist es eine Beruhigung, den Isländern selbst ist es eine bekannte Tatsache: Asche und Lava können nicht an jeder beliebigen Stelle aus dem isländischen Boden hervorbrechen. Im vorangehenden Abschnitt wurde gesagt, dass die Riftzonen und die beiden lateralen Vulkanzonen die vulkanisch (potentiell) aktiven Regionen des Landes darstellen. Außerhalb dieser Regionen ist der Vulkanismus seit selbst geologisch langen Zeiträumen, also Hunderttausenden oder gar Millionen von Jahren, erloschen. Das rührt daher, dass die beiden Hauptteile des Landes links und rechts der zentralen Riftzonen von den unterirdischen Aufstiegsregionen des Magmas fortgedriftet sind, jede Hälfte Islands auf ihrer tektonischen Platte. Die vulkanisch aktiven Zonen nehmen etwa ein Viertel der Landesfläche ein. Innerhalb der Vulkanregionen wiederum sind die Vulkane und Kraterreihen nicht statistisch zufällig verteilt, sondern sie konzentrieren sich auf viele einzelne langgestreckte Zonen, die von Zerrspalten, tektonischen Verwerfungen und einem zentralen Vulkangebäude charakterisiert sind. Zonen mit diesen Kennzeichen werden als Vulkansysteme bezeichnet. Sie sind meist zwischen 5 und 20 km breit und 20 bis 100 km lang. Man geht von gegenwärtig 31 solcher Vulkansysteme aus. Drei davon liegen auf der Halbinsel Snæfellsnes (eine der lateralen Vulkanzonen), 4 auf der Reykjanes-Halbinsel, 6 sind fiederartig in Südisland aneinandergereiht (eine weitere laterale Vulkanzone). Vier solcher Systeme gibt es in Nordisland und die restlichen 14 verteilen sich über das zentrale Hochland. Die meisten sind in südwest-nordöstlicher oder nord-südlicher Richtung orientiert, einige wenige weichen davon erheblich ab. Im Tiefland und an der Küste, wo die relativ spärliche Bevölkerung in freistehenden Gehöften oder kleinen und mittleren Ortschaften lebt, ist es manchmal nicht weit bis zu den nächsten Anzeichen einer vulkanischen Nachbarschaft. In den meisten Vulkansystemen gibt es zumindest einen Schwerpunkt der vulkanischen Tätigkeit oder einen weiter entwickelten Zentralvulkan (Vulkane durchlaufen verschiedene Entwicklungsstufen). Das ist oft ein hoch aufragendes Vulkanmassiv wie der Eyjafjallajökull oder ein hochebenenartiges Gebiet mit einer kreisförmigen Einbruchstruktur (fachsprachlich Caldera). Beispiel für letzteres ist Katla. Viele Vulkansysteme sind von Gletschern bedeckt. Einige schlummern unter mächtigen Plateaugletschern, während die höchsten der freistehenden Vulkangebäude nur eine geringmächtige Eiskappe tragen, wie es beim Eyjafjallajökull der Fall ist. Erwartungsgemäß ereignen sich Vulkaneruptionen auch im Meer oder unter Gletscherbedeckung. Dabei sind letztere viel häufiger.

VORZEICHEN FÜR VULKANERUPTIONEN

Warum brechen Vulkane aus? Unter den meisten Zentralvulkanen lagern massive magmatische Körper, die allerdings zum größten Teil erstarrt oder nur teilweise schmelzflüssig sind. Das sind Magmakammern, die sich unterschiedlich tief in der Erdkruste befinden. Unter einigen Vulkansystemen werden in größerer Tiefe noch weitere, umfangreichere sogenannte Magmareservoire vermutet, deren Längsachse parallel zu den Vulkansystemen an der Oberfläche orientiert ist. Diese Hypothese ist jedoch noch nicht ganz zweifelsfrei bestätigt. Die höherliegenden, flachen Magmenkammern werden über Klüfte oder ein weitverzweigtes Adernsystem aus der Tiefe versorgt: entweder aus den Magmareservoiren oder aus Regionen des Mantels, in denen das Gestein teilweise aufschmilzt. Die dabei entstehende Schmelze hat eine etwas geringere Dichte als das heiße, aber nicht ganz geschmolzene Mantelgestein der Umgebung. Der Zustrom von Schmelze verursacht im Laufe der Zeit in einem magmenerfüllten Hohlraum einen Überdruck. Unter Umständen kann sie dann direkt aus dem Hohlraum, beispielsweise aus einer Magmenkammer, nach oben durchbrechen und im Zentralvulkan die Erdoberfläche erreichen. Vielfach zwängt sich das Magma aber in den Gesteinskörper, der den Zentralvulkan umgibt. Es benutzt dabei in erster Linie vorher angelegte Bruchzonen in der Kruste, die dem Vulkansystem zugerechnet werden. Gelegentlich gelangt es so bis an die Erdoberfläche und bricht dann in einer manchmal recht langgestreckten Spalteneruption außerhalb des Zentralvulkans aus. In wieder anderen Fällen schlägt das Magma nahezu direkt aus einem sehr tiefliegenden Reservoir zur Erdoberfläche durch oder sogar aus einem teilweise geschmolzenen Bereich des Mantels, ohne dabei überhaupt oder zumindest nennenswerte Zeit in einem Reservoir zu verweilen. Die Gesteine nahe der Erdoberfläche können vor einem Vulkanausbruch aufgrund der globalen Zerrkräfte durch die Plattenbewegungen zerbrechen. Sie können aber auch aufgrund des internen Druckes bersten, den das Magma durch seine beständige Ansammlung unter der Oberfläche erzeugt, wodurch das Magma sich selbst einen Weg schafft. Im ersten Fall kann man sagen, dass sich vor Vulkaneruptionen Bruchbeben ereignen und dass sie der Hinweis darauf sind, dass eigentlich ursprünglich reine Drift- und Bruchbewegungen eine Vulkaneruption auslösen können. Im zweiten Fall werden die Erdbeben durch das aufsteigende Magma verursacht und sind damit keine direkte Folge der Driftbewegungen der Platten. Sogenannter vulkanischer Tremor, eine bestimmte Art von Erdbebenwellen, oder niederfrequente seismische Signale werden mit Eruptionsbeginn messbar und bleiben während der gesamten Eruptionsdauer typisch.

TYPEN VON VULKANERUPTIONEN

Je nach der chemischen Zusammensetzung des Magmas, das in einer Vulkaneruption an der Erdoberfläche austritt, sowie abhängig von der Viskosität (Zähigkeit) und dem Gasgehalt nehmen die dabei auftretenden vulkanischen Phänomene höchst unterschiedliche Gestalt an. In einer Eruption werden in der Regel drei vulkanische Produkte gefördert: flüssige Lava, lose feste Tephra (gewöhnlich etwas ungenau "Asche" genannt) und vulkanische Gase. Als Magma bezeichnet man das noch nicht ausgetretene Gemisch von Schmelze, Gasen und festen Anteilen innerhalb der Erdkruste; Lava ist die mehr oder weniger entgaste Schmelze mit unterschiedlichen festen Anteilen an der Erdoberfläche. Die Oberfläche der Laven bewegen sich nach der Erstarrung zwischen grobblockig, rauh oder glatt. Der Begriff Tephra ist ein Sammelbegriff und umfasst lose vulkanische Auswurfprodukte unterschiedlicher Korngrößen, von feinster glasiger Asche bis zu monströsen vulkanischen Bomben von der Größe eines Pkw. In vielen Eruptionen werden parallel Lava und Asche produziert, dann spricht man von effusiv-explosiv gemischtem Vulkanismus. Die vulkanischen Gase bestehen zumeist aus Wasserdampf, aber den Kratern entweichen auch schwefelhaltige Gase, Chlor- und Fluorverbindungen sowie Kohlenmonoxid und Kohlendioxid. Einige dieser Gase sind giftig. Fluorwasserstoff (Flußsäure) bindet sich an die Asche und die Vegetation und kann bei Grasfressern Zahnschäden, Zahnverlust sowie Skelettverformungen (Fluorose) verursachen. Die im Magma gelösten Gase dehnen sich während des Aufstiegs bei Annäherung an die Krateröffnung im Zufuhrkanal explosionsartig aus und schießen dadurch mit enormer Wucht ins Freie. Durch die dabei mitgerissene Schmelze entstehen die für viele Eruptionen typischen Lavafontänen. Der hinausschießende Gasstrahl zerreißt (fragmentiert) die Schmelze, wobei je nach Stärke der Explosionen unterschiedlich viel Tephra entsteht; bei sehr hoher Explosivität wird das austretende Magma quantitativ vollständig zu Tephra fragmentiert. In dem Fall spricht man von Explosiv- oder Ascheneruptionen. Lavaströme können im Extremfall 50 bis 100 km von der Eruptionsstelle weit wegfließen; Tephra kann sich über viele Tausende Quadratkilometer Landfläche verteilen, die Vegetation zudecken und ersticken. Lavafontänen sind charakteristisch für reine Lavaeruptionen (Effusiveruptionen), aber manchmal fehlen sie und es sind nur brodelnde Lavaseen oder -teiche in den Kratern zu beobachten. Kommt Magma bzw. Lava mit Grundwasser, Meerwasser oder Schmelzwasser eines Gletschers in Berührung, wird dadurch die Ascheproduktion enorm gesteigert. Das geschieht deshalb, da das kalte Wasser die heiße Schmelze von 900 bis 1250°C explosionsartig zerfetzt. Daher stoßen Eruptionen in einem Gletscher oder im Meer zumindest in der Initialphase gewaltige schwarze oder aschgraue Wolkensäulen aus. Sobald die aufgehäuften vulkanischen Produkte die Krateröffnung vom Wasser isolieren können, kann Lava ausfließen. Solche Vorgänge konnten in den ersten beiden Jahren während der Entstehung der neuen Vulkaninsel Surtsey vor der Südküste Islands 1963 - 1967 beobachtet werden.

GLETSCHERLÄUFE

Isländische Vulkane stoßen neben Lavaströmen nicht nur Gase, Dampf und Asche aus, sondern verursachen auch Sturzfluten und Schlammströme (Lahare). Bei vielen Eruptionen schmilzt jäh die Schnee- und Eisbedeckung mit der Folge, dass von dem Vulkan Sturzfluten herunterrauschen. Solche Gletscherläufe (auch Jökulhlaups) überfluten rasend schnell weite Landbereiche um den Vulkan. Manchmal sind es nur relativ geringe Abflussmengen von 500 bis 2000 m^3/s. Vulkane unter mächtiger Gletscherbedeckung lösen aber nicht selten weitaus umfangreichere Gletscherläufe aus. Eruptionen im Vulkansystem Grímsvötn (im größten Gletscher Vatnajökull) werden von Jökulhlaups gefolgt, die einen Abfluss von 15.000 bis 50.000 m^3/s erreichen können. Jökulhlaups aus der gletscherbedeckten Caldera des Vulkans Katla veranschlagt man auf 100.000 - 300.000 m^3/s. Sie sind in früheren Jahrhunderten über den Sander Mýrdalssandur hinweggegangen. Diese Größenordnung dürfte etwa beim Doppelten der mittleren Abflussmenge des Amazonas liegen, des größten Stromes der Erde. Gletscherläufe lagern zumeist wüstenhaft anmutende Sanderflächen ab. Zwei davon umfassen über 600 km^2: der Skeiðarársandur, der dem Vatnajökull vorgelagert ist, und der eben erwähnte Mýrdalssandur östlich der Ortschaft Vík í Mýrdal. Im November 1996 brach ein gewaltiger Gletscherlauf aus dem Skeiðarárjökull hervor, nachdem die Eruption in dem damals neugetauften Aktivitätszentrum Gjálp im Vatnajökull beendet war. Damals strömten nahezu 4 Milliarden Tonnen Wasser mit einer Abflussrate von 50.000 m^3/s über die Überflutungsfläche. Tausende von Eisbergen wurden von dem schmutzigbraunen Strom mitgerissen und über die Sanderfläche verteilt abgelegt. Die schwersten davon wogen 1000 Tonnen und darüber.

Teil der Überflutungsfläche vom Gletscherlauf aus der Katla 1918 nahe bei Hafursey.

Eisstücke nach den Gletscherläufen aus dem Nordteil des Eyjafjallajökull 2010.

EYJAFJALLAJÖKULL: ÜBER NACHT BERÜHMT

Der Eyjafjallajökull erhebt sich jäh aus der Ebene der Südküste, nur wenige Kilometer von der Brandung des Nordatlantiks entfernt. Das längliche Vulkangebäude ist mit seiner Längsachse in Ost-West-Richtung orientiert und erreicht 1667 m über Meeresniveau. Es ist von steilen Hyaloklastitfelsen umgeben. Hyaloklastit ist ein bräunliches Gestein (Tuff), das Sandstein ähnlich sieht und bei Eruptionen unter Wasser aus der stark fragmentierten und schockartig erstarrten Lava entsteht. Zwischen den Hyaloklastiten sind Lavalagen eingeschaltet. Der Fuß des Vulkans ist von grünbewachsenen Schuttkegeln verdeckt, Täler und enge Schluchten schneiden tief in das gebirgige Gelände ein. Die Basis des Vulkangebäudes ist etwa 800.000 Jahre alt. Daher zählt der Eyjafjallajökull zu den ältesten der großen und noch aktiven Vulkane Islands. Der obere Teil ist von einer Eiskappe von etwa 75 km^2 bedeckt. Durchschnittlich ist das Eis zwischen 100 und 200 m dick, außer im Gipfelbereich. Dort im Bereich einer etwa 2,5 km breiten Einsenkung, die als kleine Caldera aufgefasst wird, liegt die Eisdicke bei 200 bis 300 m. In dieser Region entspringt der steil abfallende Auslassgletscher Gígjökull, der bis fast an die Basis des Vulkangebäudes hinabreicht. Ein aktiver Spalten- und Bruchschwarm quert es der Länge nach. Diese Bruchzone ist etwa 30 km lang, 1 bis 5 km breit und zieht sich bis zum Pass Fimmvörðuháls hin und über ihn hinaus nach Osten. Der schmale Höhenzug, dessen Name etwa "Höhenrücken der fünf Steinmännchen" bedeutet, erreicht 500 bis 1100 m über dem Meeresspiegel und ist 10 km lang. Dort gibt es mindestens einige kurze Eruptionsspalten unterschiedlichen Alters, die aber alle vor mehreren tausend Jahren aktiv waren. Östlich an den Pass schließt sich der Mýrdalsjökull an, dessen Gletscher 560 km^2 umfasst. Unter dem ewigen Eis liegt der Schwestervulkan Katla tief verborgen. Aus historischer Zeit sind drei Eruptionen im Eyjafjallajökull bekannt. Einer davon war teilweise ein Lavaausbruch (920 n. Chr.), die anderen wahrscheinlich größtenteils Ascheeruptionen (1612 oder 1613 und 1821-1823). Die Eruptionen im 19. Jhd. ereigneten sich in drei oder vier Eruptivphasen mit Aschenfall. Daneben verursachten Gletscherläufe einige Schäden. Die Gesteinstypen im Eyjafjallajökull reichen von Basalt bis zu höher entwickelten intermediären und kieselsäurereichen Gesteinen.

Der Eyjafjallajökull von Süden aus gesehen.

Der Eyjafjallajökull von Südosten aus gesehen. Für die Wiederbegrünung des Skógasandur wird unter anderem die Lupine verwendet. Der Sander besteht zum größten Teil aus dem von Gletscherläufen aus der Katla transportiertem Material.

Auf dem Fimmvörðuháls, 31. März.

VORSPIEL

Der im Jahr 2010 neuerwachten Aktivität im Eyjafjallajökull und seinem Vulkansystem gingen lange, aber diskontinuierliche Ereignisse voraus. Bereits im Jahr 1994 gab es einen Erdbebenschwarm vor und während des Eindringens von Magma in den Wurzelbereich des Vulkans aus 12 km Tiefe oder mehr; in solchen Fällen spricht man von der Bildung einer magmatischen Intrusion. Die Intrusion stieg bis etwa 6 oder 5 km unter dem Gipfelbereich des Vulkans auf. An seiner Südostflanke konnte in einem begrenzten Gebiet eine Aufwölbung des Geländes um 15 cm festgestellt werden, indem unterschiedlich alte Radarbilder verglichen wurden (InSAR bzw. Radarinterferometrie). Ein zweiter Erdbebenschwarm ging 1996 in der Nähe des ersten Unruheherds über das Gebiet hinweg und wieder drei Jahre später drang Magma in den unteren Teil des Vulkangebäudes ein und verursachte erneut eine lokal begrenzte, diesmal aber deutlicher ausgeprägte Geländeaufwölbung. Es war fast klar, dass es zu irgendeiner vulkanischen Aktivität führen würde, wenn solche und ähnliche Vorgänge sich fortlaufend wiederholten. Im Sommer 2009 trat ein weiterer Erdbebenschwarm in Verbindung mit Magmenbewegungen auf. Zu Beginn des Jahres 2010 waren seismische Signale aus 10 - 7 km Tiefe messbar und ihre Intensität nahm in den ersten drei Wochen des März zu. Am 19. März lagen die Erdbebenherde schon wesentlich höher (fachsprachlich: flacher) als zuvor und sie bewegten sich in 7 - 4 km Tiefe nach Osten. Am 20. März waren sie noch flacher. Der Vulkan schien kurz vor einem Ausbruch zu stehen, obwohl es nicht mit hinreichend hoher Sicherheit vorauszubestimmen war. Aber noch bevor der Tag vorüber war, erwachte der alte Berg nach fast 190 Jahren Ruhe zu neuem Leben. Das aufsteigende Magma in dem Hauptzufuhrkanal im nordöstlichen Teil des Berges, zwischen Fimmvörðuháls und Gipfelbereich, schien unvermittelt nach Osten umgebogen zu sein, nachdem es schon die Hälfte des Weges zur Oberfläche zurückgelegt hatte. Von da arbeitete es sich schräg ansteigend vorwärts nach oben, bis sich an der niedrigen Flanke des Vulkangebäudes eine Eruptionsspalte öffnete, auf dem Pass Fimmvörðuháls, 2 - 3 km vom Hauptzufuhrkanal im Berg entfernt.

Jeder reist auf seine Weise.

DIE NACHRICHT DES MONATS UND ATTRAKTION FÜRS VOLK

Innerhalb weniger Tage wurde das ästhetische Feuerspiel an der Nordostflanke des Eyjafjallajökull auf etwa 1100 m Höhe in der ganzen Welt bekannt. Gelungene Fotografien und prachtvolle Filmaufnahmen fluteten die Medien und landeten im Handumdrehen in YouTube. Die Nachrichten überschlugen sich und durcheilten ein Land nach dem anderen. Manch armer Fernsehmensch verrenkte sich bei der Aussprache des bandwurmartigen Namens schier die Zunge. Die Isländer ihrerseits pilgerten in hellen Scharen zu Fuß, auf Motorschlitten oder in ihren (meist monsterbereiften) Jeeps den vulkanischen Feuern entgegen. Viele der Vulkantouristen bekamen eines der beeindruckendsten Schauspiele ihres Lebens zu sehen. Aus den Helikoptern stöckelten sogar Frauen auf High Heels und gingen mehrere Hundert Meter über den Firn, gefolgt von Herren in Schlips und feinem Tuch, um einen Blick auf die unvergleichliche Szenerie zu riskieren. Am 7. April führten Spezialisten eine GPS-Vermessung der Eruptionsstelle aus und stellten fest, dass der Hauptkrater, der seine Tätigkeit bereits eingestellt hatte, 82 m über die Umgebung ragte. Die jüngere Kraterreihe (vom Abend des 31. März) war an dem Tag noch aktiv. Deren höchster, noch tätiger Krater war 47 m hoch. Höhenlinien wurden bestimmt und zusammen mit anderen Daten wurde die Dicke des Lavafeldes abgeschätzt. Dadurch konnte man die Menge der bislang ausgetretenen Lava bestimmen. Sie belief sich auf 22 - 24 Millionen m^3 (0,024 km^3) mit einer Flächenausdehnung von 1,3 km^2. Heute ist diese Lava größtenteils von einer mächtigen Aschenlage bedeckt.

Die beeindruckenden Lavafälle in die Schluchten Hrunagil und später Hvannárgil veränderten sich ständig und zogen die Schaulustigen an.

Aus der Ferne, von Fljótshlíð gesehen, wird klar, dass die Spalteneruption auf dem Fimmvörðuháls nicht besonders groß ist. Aber sie sieht schön aus im Mondlicht.

Der Eyjafjallajökull zwei Tage vor dem Beginn der Ascheeruption im Gipfelbereich. Die Gletscherläufe füllten die Gletscherlagune mit Sedimenten auf.

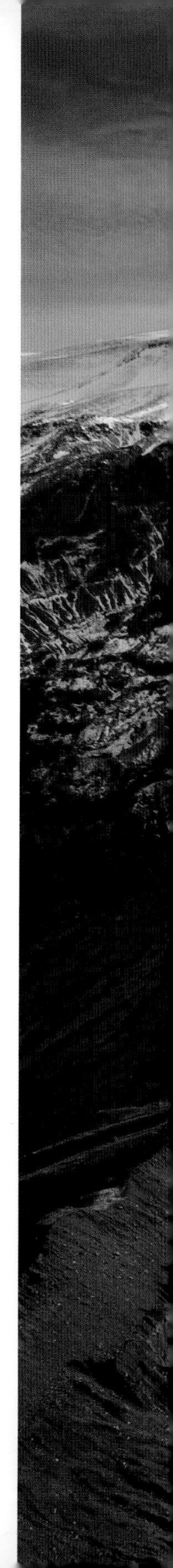

RUHE ZWISCHEN FEUER UND WASSER

Frühmorgens am 12. April war wenig vulkanischer Tremor an den Überwachungsstationen um den Berg festzustellen und etwas später am selben Tag war er ganz verschwunden. Daraus schloss man, dass auch die jüngere Eruptionsspalte ihre Tätigkeit eingestellt hatte. Ein Überflug über die Krater erbrachte die Bestätigung. Drei Wochen nach Beginn der Eruption schienen die vulkanischen Feuer schon wieder einzuschlafen. Zu dem Zeitpunkt überdeckte die neue Lava 2,0 km^3 und die Schneedecke auf dem Fimmvörðuháls war wegen der Tephra aus den Lavafontänen grau geworden. Die Bebentätigkeit, die dem Hauptzufuhrkanal im Inneren des Vulkans zuzuordnen war, setzte sich jedoch weiter fort. Am Morgen des 12. April wurde unter der Nordostflanke des Eyjafjallajökull ein Beben der Stärke 3,2 auf der Richter-Skala registriert. Davor wurden einige viel geringere Beben auf einer Verbindungslinie zwischen der Eruptionsstelle und der gletscherbedeckten Erhebung Goðabunga aufgezeichnet, die unweit der Katla am westlichen Rand des Mýrdalsjökull liegt. Die Geowissenschaftler verfolgten an diesem und am folgenden Tag gespannt die weitere Entwicklung beider Vulkane. Nur die Zeit würde schließlich zeigen, ob sich die vulkanischen Feuer wieder zeigen würden und wenn ja, auf welche Weise.

ZWEITE ERUPTION VERURSACHT WELTBEBEN

Am 13. April begann eine lange Sequenz seismischer Erschütterungen in relativ geringer Tiefe unter dem Eyjafjallajökull. Der größte Ausschlag erreichte 2,5 auf der Richter-Skala. Kurz nach Mitternacht, genauer gesagt um 1:15 am frühen Morgen des 14. April, ließ der Vulkan dem Magma wieder freien Lauf. Diesmal schnitt die Eruptionsspalte durch den Südrand des Gipfelkraters (oder der Gipfelcaldera) in den Westteil der vergletscherten Vertiefung. Dunkelheit und dichte Bewölkung verhinderten jedoch einen direkten Blick auf die neue Eruptionsstelle. Die Ereignisse riefen bei den Wissenschaftlern ernsthafte Befürchtungen hervor. Der vulkanische Tremor war sofort sehr ausgeprägt und steigerte sich bis 7 Uhr morgens noch. Wieder zeigten Besatzung und Instrumentierung der isländischen Küstenwache ihr Können. Radarfotos enthüllten eine 2,0 km lange Eruptionsspalte, während auf Infrarotbildern mächtige Aschenexplosionen in drei großen Eiskratern zu sehen waren, die von der neuen Eruption in den Gletscher gebrannt wurden. Die Regierung, die Spezialisten und die Bevölkerung befürchteten einen großen Gletscherlauf, der am wahrscheinlichsten aus der Nordflanke ausbrechen würde. Wieder einmal funktionierte die Evakuierung der Einwohner nach Plan und 700 - 800 Menschen wurden aufgefordert, sich an sichere Orte zu retten. Die Landwirte mussten wie beim ersten Mal ihr Vieh zuhause zurücklassen. Viele der Einwohner sollten die nächsten Tage möglichst nicht in ihren Häusern übernachten, während die größte Heftigkeit der Eruption allmählich nachließ. Die meisten konnten aber bald wieder ganz nach Hause zurückkehren. In kürzester Zeit kam die Hauptmenge des Schmelzwassers unten an der Stirn des Gletschers Gigjökull an und trat als Gletscherlauf aus, der seinen Höhepunkt gegen Mittag des ersten Eruptionstages erreichte. Eine gigantische, dunkelgraue Flut brach aus der Eiszunge, stürzte über die Felsen und Gletschermoränen, fegte über die Gletscherlagune Gígjökulslón hinweg, die bislang still unterhalb der Gletscherzunge dagelegen hatte - Þórsmörkbesuchern sicherlich ein bekannter Anblick. Der Gletscherlauf füllte das Becken der Gletscherlagune mit Schlamm und Geröll auf und überschwemmte die Kies- und Sanderflächen des Gletscherflusses Markarfljót nördlich und westlich des Eyjafjallajökull. Um 13:00 erreichte der Gletscherlauf seinen Höhepunkt an der Brücke über Markarfljót mit geschätzten 1500 - 2000 m^3 in der Sekunde. Die Brücke hielt dem Ansturm von Wasser, Eis und Sedimenten statt, aber man musste unmittelbar an der Brücke einen Durchlass in die Ringstraße reißen, um den Wasserdruck abzuleiten. Die Ringstraße wurde wegen dieser Maßnahme nur wenig beschädigt, außerdem zerstörte der Gletscherlauf einiges an Grasland im Bereich des Markarfljót. Dieses Ereignis muss trotzdem als relativ kleiner Gletscherlauf mit vulkanischer Ursache kategorisiert werden (es gibt auch andere, nichtvulkanische Ursachen für Gletscherläufe). Wasser floss auch aus dem Gipfelbereich nach Süden und benutzte dabei die Scharte, die von der Eruptionsspalte südlich vom Gipfelkrater in den Rand der Caldera gerissen worden war. Die dabei abfließenden Wassermengen waren jedoch viel geringer als im Hauptlauf nach Norden. Trotzdem verursachte auch diese Sturzflut einigen Höfen Schäden, ebenso auf landwirtschaftlich genutzten Flächen am Fuß der Eyjafjöll. Die Eruptionswolke erreichte zu Beginn schon 6 km Höhe, später wuchs sie auf 8 km an. Während der nächsten vier Tage stießen die Krater erhebliche Mengen feinkörniger Asche aus. Diese Asche gelangte bis fast an die äußeren Grenzen der Troposphäre, wo sie durch Westwinde und die Auswirkung der Corioliskraft der Erde in Richtung europäischer Kontinent verdriftet wurde. Sie bildete eine langgezogene, breite Aschenwolke mit einem hohen Anteil an glasigen Partikeln. Der Luftverkehr geriet praktisch sofort in helle Aufregung und wurde schließlich ganz eingestellt. In der ersten Woche der Eruption fielen etwa 100.000 Flüge aus, vielfach mit ernsten Auswirkungen. Noch länger waren die Flugverbindungen nach und von Island beeinträchtigt, die ebenso zeitweise völlig eingestellt wurden.

Kräftige Ascheeruption aus den neuen Kratern am Gipfel des Eyjafjallajökull, 17. April.

KI 156

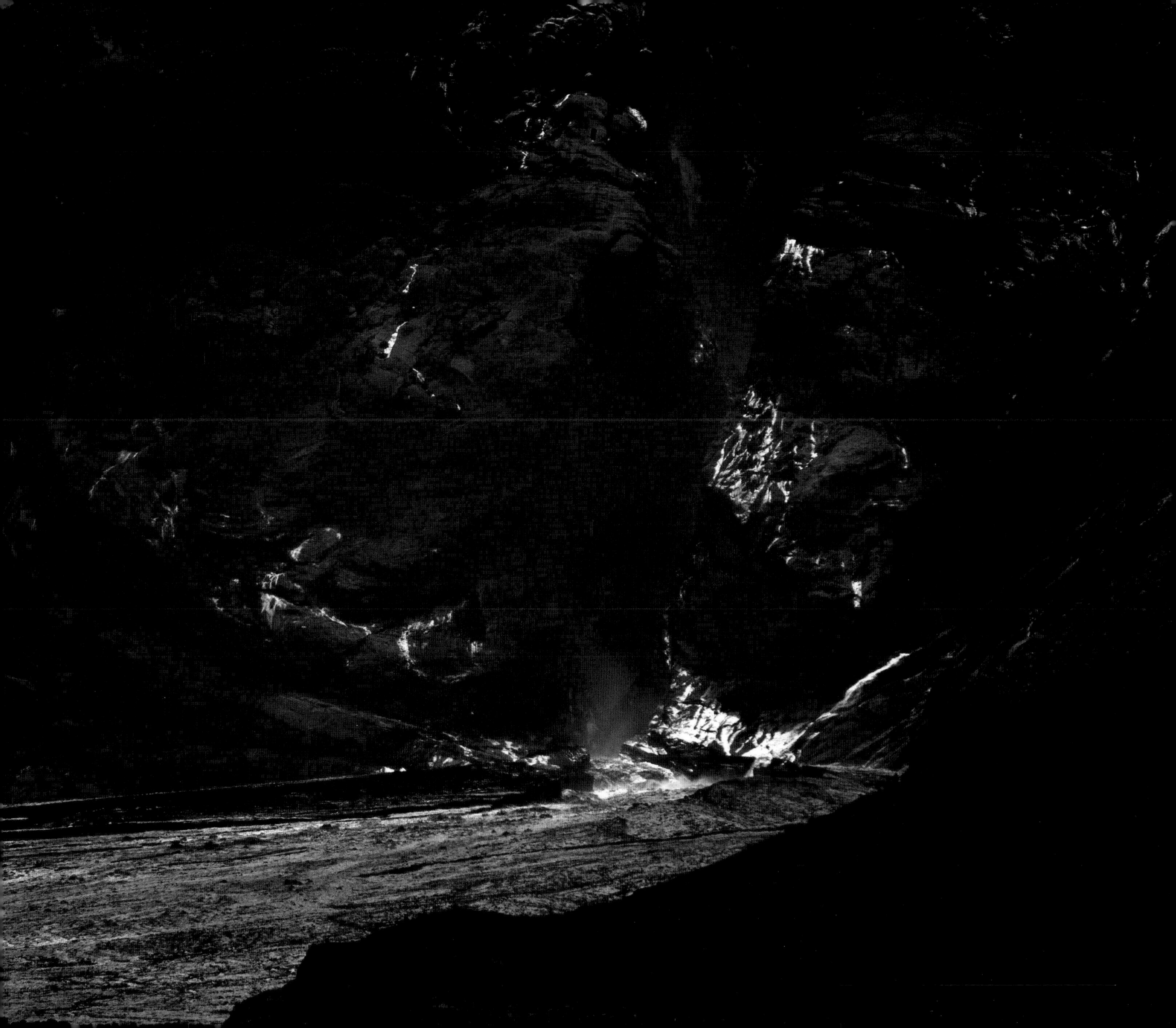

Vorhergehende Seite: Der Ausbruch am 17. April und die Felswände, die von den heftigsten Sturzfluten am ersten Tag des Ausbruchs betroffen waren.

Lagune an der Stirn des Auslassgletschers Gígjökull, mit Sedimenten aufgefüllt und ständigem Schmelzwasserabfluss, verursacht durch die Lava, die sich im Inneren des Gígjökull-Eises durchschmilzt.

Journalisten aus dem Ausland bei der Arbeit.

Aschenregen aus der Eruptionswolke.

Der stärkste Aschenfall ereignete sich am 17. April südlich des Vulkans. Die Asche wurde vom Wind auch in andere Länder verdriftet.

DRÄUENDE ASCHENWOLKE

Vom 14. bis 16. April fiel Asche in den Gebieten östlich der Krater, wobei sie sich in bewohntem Gebiet relativ gering auswirkte. Hunderte von Blitzen wurden durch die raschen Auf- und Abwärtsströmungen von Asche und Dampf in der Eruptionswolke ausgelöst und boten den Fotografen prächtige Motive. Diese relativ unproblematische Situation änderte sich schlagartig am 17. April mit einem Windsprung auf Nord. Der Ascheausstoß des Vulkans war nach wie vor hoch. Sie fiel jetzt windbedingt im Tiefland südlich unterhalb des Eyjafjallajökull (die Aschenlage wurde später etwas verdichtet mit 0,5 - 5,5 cm gemessen). Die Asche ballte sich am Himmel in einer unheimlich bedrohlichen, blumenkohlartigen Wolke. Sie war dunkelbraun bis schwarz und überdeckte wie eine monströse Markise den größten Teil des Landes am Fuß der Eyjafjöll. Der Tag wurde buchstäblich zur Nacht mit Sichtweiten von manchenorts weniger als 1 - 2 Metern. Der massivste Teil der Wolke lastete über einigen Dutzend Anwesen und zwang die Bewohner, im Haus zu bleiben. Wer vor die Tür ging, brauchte Staubmasken. Das Gebiet verwandelte sich in ein aschgraues Trauerbild, in dem kleine Staubteufel über die Hauswiesen und Äcker rasten und Aschenstaub aufwirbelten. Zu der Zeit, zu Beginn des Frühjahrs, befand sich der Viehbestand zum Glück noch zum größten Teil in den Stallungen. Die Pferde, die man nicht in die Ställe holte, nahmen die verödete Landschaft jedoch ziemlich unbekümmert hin, nachdem das Schlimmste des Aschenfalls vorüber war. Es wurde deutlich sichtbar, dass im Zentrum der Region beträchtlicher Schaden entstanden war, während die etwas entfernteren Höfe glimpflicher davongekommen waren. Neben dem finanziellen Schaden für nicht wenige der landwirtschaftlichen Betriebe besteht die Gefahr, dass manche für einige Zeit ihr Anwesen nicht mehr bewirtschaften können und einige ihren Betrieb sogar ganz aufgeben müssen. Wo die frischgefallene Aschenlage dünn ist, kann sich die Vegetation schnell erholen. Dagegen sind massivere Aschendecken problematischer, da unter ihnen die Pflanzendecke ersticken kann, insbesondere auf Weideland in den Hängen oberhalb der Gehöfte. Viele Grünflächen und Gebäude müssen von der Asche befreit werden. Das erledigen die Landwirte selbst, unterstützt von Freiwilligen. Ausgeprägter Wille zur Zusammenarbeit, Hilfsbereitschaft und gegenseitiger Unterstützung herrscht in den von der Asche betroffenen Gebieten. Der isländische Staat greift auf seinen Katastrophenfonds zurück, um denjenigen zu helfen, die darauf nach den Aschenfällen und Gletscherfluten angewiesen sind. Es ist dies nicht das erste Mal und wird auch nicht das letzte Mal sein.

Am Fuß der Eyjafjöll am 17. April.

Beginn einer Explosion. Der Blick fällt direkt aus der Vogelperspektive in den größten Eiskessel und in einen Krater des Eyjafjallajökull in just dem Sekundenbruchteil, in dem eine Aschenexplosion geschieht. Die Schalldruckwellen konnten beobachtet werden, als sie sich durch die Wolke fortpflanzten.

STUFE DREI – ALLMÄHLICHE BERUHIGUNG DER LAGE

In den ersten Tagen der Gipfeleruption gelangte Wasser in die aktiven Krater. Es intensivierte vor allem die Ascheproduktion und erklärt die Heftigkeit der Explosionen zu Beginn. Chemische Analysen zeigten, dass das austretende Magma nicht basaltisch, sondern etwas kieselsäurereicher war und damit dem intermediären Typ angehörte (noch genauer: es war kein Alkaliolivinbasalt, wie am Fimmvörðuháls, sondern ein durch Magmenmischung entstandener Trachyandesit). Magmen dieses Typs sind wegen des erhöhten Kieselsäuregehalts relativ zäh und bilden bei Eruptionen schon ohne den Zutritt von Wasser erhebliche Mengen von Asche. Am 20. April veranschlagten Geowissenschaftler das nicht verdichtete Volumen der ausgeworfenen Asche auf 120 - 150 Millionen m^3. Das entsprach 70 Millionen m^3 Magma (0,07 km^3 verdichteten Materials). Der Masseausstoß der ersten Tage wird in der Größenordnung von 300 m^3/s geschätzt. Anhand dieser Zahlen kann der Ausbruch noch nicht einmal als mittelgroße Eruption kategorisiert werden, geschweige denn als eine schwere. Am 19. und 20. April ließ die Ascheproduktion erheblich nach und betrug nur mehr einen Bruchteil der anfänglichen Mengen. Aktivität war noch in zwei der drei Eiskrater festzustellen, die jetzt mehr gröberen Bims, Schlacken und vulkanische Bomben ausstießen. Explosionen schleuderten große Lavafetzen in hohem Bogen aus den Kratern, die sogar auf den mittlerweile vor Asche ganz schwarz gewordenen Schnee- und Eisflächen auf dem höchsten Gipfel des Eyjafjallajökull landeten. Bei jeder Explosion wurden die Schallwellen sichtbar, die als heftiger, halbschalenförmig sich ausbreitender Ruck mit dem dazugehörenden lauten Donner durch die Eruptionswolke rasten. Mittlerweile erreichte die Eruptionssäule nur mehr 3 - 5 km Höhe. Einige Tage später erstarb die Aktivität in dem südlichen Krater, während der nördliche weiterhin Lava und Schlacken innerhalb des Eiskessels aufhäufte und so einen neuen Gipfel aufbaute.

Blitze aus Eruptionswolken sind ein bekanntes Phänomen. Je häufiger bei dem Ausbruch Dampfexplosionen mit Aschebildung stattfinden, um so zahlreicher sind auch die Blitze. Statische Aufladung bildet sich durch die Reibung der Partikel in der Wolke, bis ein Funke als Blitz überspringt und die Spannungen von hörbarem Donner begleitet abbaut.

Vorhergehende Seite: Lavaströme in der zweiten Woche der Eruption erzeugten mächtige Dampfwolken (links) beim Kontakt des geschmolzenen Gesteins mit dem Eis im Gipfelkrater (oder der Caldera) des Eyjafjallajökull. Das Naturschauspiel über dem vergletscherten Vulkan war manchmal fast hypnotisierend.

Aschenwolken, Dampf und Dunst, Donnerschläge und zitternder Boden: mit solchen Erscheinungen müssen sich Menschen in der Nähe eines tätigen Vulkans abfinden.

PHASE VIER: WIE GEHT ES WEITER?

Als Anfang Mai der Hauptteil des Buches geschrieben wurde, floss die Lava auf dem Grund des großen Gipfelkraters bzw. der großen calderaartigen Eintiefung entlang nach Norden. Sie schmolz im oberen Teil der Gletscherzunge Gígjökull einen Tunnel ins Eis und füllte ihn nach und nach mit erstarrter Lava auf. Das war in der Theorie kein unbekanntes Phänomen, aber niemand hatte es bislang gesehen. Es kamen keine nennenswerten Gletscherläufe mehr aus der Front des Gígjökull. Stattdessen gab es einen kontinuierlichen Abfluss beträchtlicher Mengen an Schmelzwasser, wobei plötzliche Flutspitzen manchmal große Eisstücke aus dem Gletscher sprengten. Das Wasser brandete mit sich überschlagenden Wellen und Eisbergen über einen Schuttkegel hinweg, der sich an der Stelle der alten Gletscherlagune aufgehäuft hatte, und erreichte dabei Abflussmengen von einigen Hundert m^3/s. Normalerweise ist das Schmelzwasser aus dem Gletscher kaum mehr als ein kleiner Bach. Die seismischen Stationen registrierten während der ersten drei Maiwochen einen meist recht gleichmäßigen und kräftigen Tremor, allerdings mit zeitweiligen Schwankungen. Asche fiel noch im Tiefland besonders östlich und südlich des Vulkans, später nördlich davon, aber insgesamt deutlich weniger als zu Beginn. Die europäischen Flughäfen waren alle wieder geöffnet, abgesehen von gelegentlichen Schließungen in Island und unmittelbaren Nachbarländern. Am 5. und 6. Mai wurde eine erheblich verstärkte Bebentätigkeit in 12 - 14 km Tiefe unter dem Eyjafjallajökull registriert. Parallel dazu hoben sich Teile des Vulkans wieder an, nachdem sie und benachbarte Gebiete während der Eruption beträchtlich abgesunken waren. Die Lavaproduktion nahm ab, dafür nahm vorübergehend der Ascheausstoß wieder zu, blieb aber insgesamt unter den Volumina des Eruptionsbeginns. Die Eruptionssäule stieg kurzzeitig nochmals auf 7 - 10 km Höhe. Dann verringerte sich die Tätigkeit und am 23. Mai waren kaum mehr Anzeichen dafür im Hauptkrater zu erkennen. Während der darauffolgenden Wochen verminderte sich die seismische Aktivität immer mehr, aber es gibt bis jetzt im Frühsommer 2010 immer wieder kleinere Explosionen in den Kratern. Wasserdampf und Gase scheinen auf diese Art und Weise seit einigen Wochen aus dem Hauptkrater und einer kleinen Nebenöffnung zu entweichen. Eine Dampfwolke stand zuerst bis in 2 - 6 km über dem Krater, wurde aber im Juni von Tag zu Tag immer kleiner. Im Gipfelbereich sammelt sich graues, offenbar heißes Schmelzwasser in einem sehr groß gewordenen Eiskessel an. Es ist im Augenblick kaum möglich vorauszusagen, wann dieses Wasser in einem eventuellen Gletscherlauf ausläuft. Ebensowenig können die Ereignisse der kommenden Monate sicher vorhergesagt werden - noch konnte das Ende der Eruption nicht zweifelsfrei festgestellt werden. Zentralvulkane können wochen- bis monatelang tätig sein, manchmal sogar jahrelang, wenn auch mit Unterbrechungen. Jetzt bereits grenzt diese Eruption des Eyjafjallajökull im Hinblick auf die eruptierten Volumina an einen kleineren Ausbruch der Katla (300 Millionen m^3 loser Tephra). Damit ist aber noch nicht das Ende der Fahnenstange erreicht, es gibt zum Vergleich noch Beispiele für weitaus größere Eruptionen. Sollte sich noch einmal ein längerer und stärkerer Aschenfall ereignen, z.B. aus Katla, ist zu erwarten, dass sich daraus größere und weitreichendere Probleme ergeben, als die allermeisten der heutigen Isländer bisher erlebten. Die jetzt eruptierte Asche verursacht lediglich lokal einige Probleme z.B. durch Aschenverwehungen. Außerdem wurde in den Bereichen, in denen die Asche verhältnismäßig dicke Lagen bildet, die Vegetation beschädigt. Diese Bereiche sind aber nicht besonders groß.

Eine gemischte effusiv-explosive Eruption. Lava fließt unterhalb und in dem Gletscher (weiße Dämpfe), während der nördlichste, noch aktive Krater dunkle Asche und Wurfschlacken aus glühender Lava ausstößt.

Manchmal betreibt auch ein Vulkan Schwarzweißmalerei.

Vorhergehende Seite: Was im Tageslicht nicht sichtbar wird, beginnt abends zu glimmen. Ein Lavastrom, der die Hälfte des Wegs zur Front des Gígjökull zurückgelegt hat. 5. Mai 2010 um 2:19.

So ab und an greifst du sogar zu Pastelltönen, Vulkan.

Manchmal stiegen Rauchringe aus dem Krater auf.

Der größte Teil der Asche aus dem Eyjafjallajökull lagerte sich zentral in Südisland ab. Auf dem Fimmvörðuháls bildet sie mächtige Lagen, ebenso manchenorts auf dem Gletscher und den darunterliegenden Bergflanken. In besiedeltem Gebiet ist sie um einiges dünner. So sah der obere Bereich des Gletschers am 21. April aus.

Viele Bauern hatten buchstäblich alle Hände voll zu tun, die Asche von ihrem Grund und Boden zu schaffen und sich ihrem Vieh zu widmen. So manchem wurde dabei von Freiwilligen unter die Arme gegriffen. Noch viele andere hatten Probleme mit der Asche.

Das Gehöft bei Þorvaldseyri. Das linke Bild zeigt den Hof nach Ende des Aschenfalls am 17. April. Auf dem anderen ist zu sehen, wie gut sich die Vegetation Anfang Mai entwickelte. Danach fiel auf Þorvaldseyri noch einmal Asch

Endlich dem eigenartigen Dunst entflohen.

Das Leben gibt so schnell nicht auf.

Die gewaltige Spalteneruption, bei der die Eldgjá ("Feuerspalte", wahrscheinlich um 934) ausgesprengt wurde, erzeugte beeindruckende geologische Hinterlassenschaften. Sie erstrecken sich auf dem Bild in die Richtung des dazugehörigen Zentralvulkans Katla, der in der Ferne unter dem Plateaugletscher vor sich hin schlummert.

KATLA WARTET NOCH AB

Das Vulkansystem Katla ist eines der aktivsten und produktivsten Islands. Es ist 90 km lang und 5 - 30 km breit. Der Zentralvulkan weist eine Caldera von 100 km² auf, unter der eine Magmenkammer in 3 - 5 km Tiefe nachgewiesen werden konnte. Wahrscheinlich gibt es unter dem Mýrdalsjökull bei Goðabunga noch ein zweites Aktivitätszentrum. Der Gletscher Mýrdalsjökull (1510 m) bedeckt den Vulkan Katla zum größten Teil mit Ausnahme der unteren Flankenregionen und einiger kleiner Felsspitzen am Calderarand. Das Plateau des Gletschers umfasst 560 km² mit Eisdicken von bis zu 700 m. Vor etwa 12.000 Jahren ereignete sich ein katastrophaler Ausbruch mit einer Glutwolke (sog. pyroklastischer Strom), in dessen Gefolge ein Teil der Einbruchsstruktur entstand. Im Katla-System sind etwa 100 vulkanische Sequenzen unterscheidbar, die alle jünger als 10.000 Jahre sind. Allein in den letzten 1100 Jahren gab es etwa 20 Eruptionen, die letzte größere fand 1918 statt. Der zugehörige Gletscherlauf erreichte Flutspitzen von geschätzt 200.000 m³/s. Der schlammige Schmelzwasserstrom transportierte enorme Mengen von Tephra und Sand nebst Eisbergen über den Mýrdalssandur in den Atlantik. Um das Jahr 930 (wahrscheinlich 934) brach die Eldgjá in einer gewaltigen Eruption aus, wobei sie sich vom eisfreien Vorland bis in den Gletscher selbst hineinzog. Die dabei ausgestoßene Lava floss nach Süden ab und bedeckte ein Gebiet von 780 km² (18 km³). Gleichzeitig wurden erhebliche Aschenmengen abgelagert (1,4 km³). Knapp ein Jahrzehnt lang wurde Katla von Beben erschüttert (ab 1998) und die Temperatur in ihrem Inneren nahm zu, während sich gleichzeitig das Gelände im Umkreis des Vulkans anhob. Doch ist diese Aktivität seit einigen Jahren wesentlich weniger geworden. Parallel zu der Eruption im Eyjafjallajökull maß man sogar kaum Beben im Katla-System. Zur Zeit der Arbeit an diesem Buch weist noch nichts darauf hin, dass sich der Schwestervulkan des Eyjafjallajökull zu einem Ausbruch entschließen könnte.

HISTORISCHE ERUPTIONEN DER KATLA

Nach heutigem Wissensstand sind Eruptionen der Katla in der Regel Aschen- und Bimseruptionen, da bei ihr höchst explosive Magma-Wasser-Interaktionen einen wesentlichen Faktor darstellen. Es sind Ausbrüche aus dem 9. Jahrhundert bekannt, von 930 (wahrscheinlich 934) und aus dem 11. Jahrhundert. Danach meldete sich Katla von 1179 bis 1860 durchschnittlich zwei Mal pro Jahrhundert, insgesamt 16 Mal. Die schwerste und längste Eruption ist auf das Jahr 1755 datiert, wohingegen das Ereignis 1860 eher gering war. Die Eruption von 1918 kann wieder als schwer eingestuft werden. Daneben kann es 1955 und 1999 jeweils geringfügige vulkanische Ereignisse gegeben haben, die aber den Gletscher nicht durchbrachen. Bei einem typischen Katlaausbruch werden 500 - 1000 Millionen m^3 Tephra (0,5 - 1,0 km^3) ausgestoßen. Das ist fünf- bis zehnmal mehr als die Produktion während der ersten und dynamischsten Tage der Ascheeruption im Eyjafjallajökull. Allerdings ist Tephra aus Katla meist viel grobkörniger als die im Frühjahr 2010 vom Eyjafjallajökull stammende. Es gibt ernsthafte Besorgnis wegen eines möglicherweise bevorstehenden Ausbruchs der Katla und erst recht wegen des sicher folgenden Gletscherlaufes. Es wurden für diesen Fall Evakuierungspläne für weitaus umfangreichere Gebiete erstellt und veröffentlicht, als sie beim Eyjafjallajökull zum Einsatz kamen. Die Folgen eines Katlaausbruchs wären sicherlich Schäden an der Vegetation und anderweitige Schäden an Böden und der Landschaft, Zerstörungen am Wegenetz und möglicherweise weitreichende Störungen des Luftverkehrs.

Die beiden Schwestervulkane sind sich recht ähnlich. Blumenkohlartige Aschen- und Dampfwolken aus dem Eyjafjallajökull 2010 und aus der Katla 1918 (aus einer späteren Eruptionsphase) bieten einen sehr ähnlichen Anblick.

Der Ausbruch der Katla begann am 12. Oktober 1918 und dauerte, nach einer ziemlich fulminanten Ouvertüre, 124 Tage. Die Eruption fand im südöstlichen Teil der Caldera statt. Wie schon so oft zuvor brach der Gletscherlauf schon am ersten Tag der Eruption aus dem Teilgletscher Kötlujökull aus und erreichte den Ozean. Die Flutspitzen übertrafen den Jökulhlaup des Eyjafjallajökull 2010 mindestens um das Hundertfache.

Eisberge auf dem Mýrdalssandur nach dem Gletscherlauf aus der Katla 1918.

Der Name Katla stammt aus einer isländischen Volkserzählung von einer bekannten Hexe desselben Namens, die einen Knecht in einem Molkefass ersäufte und danach auf den Gletscher flüchtete. Dabei verwünschte sie die ganze Region, und seither brechen immer wieder Sturzfluten aus dem Gletscher hervor.

SCHWER ODER GERING, NAH DRAN ODER NICHT

Das Volumen vulkanischer Produkte (Lava, Tephra) wird in Kubikmetern oder -kilometern angegeben. Ein Kubikkilometer entspricht einer Milliarde Kubikmeter. Ein Block Lava dieser Abmessung besitzt eine Masse von 2,5 Milliarden Tonnen. Ein entsprechendes Volumen von Tephra hätte je nach Dichte 0,5 - 1,5 Milliarden Tonnen. Bei sehr schweren Lavaeruptionen wie den Skaftá-Feuern (isländisch: Skaftáreldar) von 1783 können immerhin 12 - 15 km^3 in die Landschaft entlassen werden. Genug, um damit die gesamte Landesfläche Islands mit einer Lavakuvertüre von zehn Zentimetern zu überziehen. Entsprechend umfangreiche Ascheneruptionen der Hekla, Askja oder des Öræfajökull (am Südostrand des Vatnajökull) können unschwer einige Kubikkilometer an Tephra ausstoßen. Eruptionen vergleichbarer Größe (fachsprachlich: Magnitude) ereignen sich in Island zwei- bis viermal im Jahrtausend. Lavaeruptionen einer Größenklasse darunter wie Surtsey oder Mischeruptionen wie Hekla 1947 kommen auf etwa einen Kubikkilometer vulkanischer Produkte. Eruptionen von noch geringerer Größenklasse verursachen nur dann Schäden, wenn sie sich in ausgesprochen ungünstiger Lage ereignen, wie auf der Insel Heimaey 1973 geschehen. Damals öffnete sich eine Eruptionsspalte nur 400 m von den Häusern der Ortschaft entfernt. Nach Ende des Ausbruchs waren 40% der Häuser unter Lava und Asche begraben. Manchenorts in Island könnten selbst geringfügige vulkanische Ereignisse, vergleichbar mit der Eruption in Heimaey, beträchtlichen Schaden anrichten. So beispielsweise auf den Halbinseln Snæfellsnes und Reykjanes, nahe dem Öræfajökull und in der Mývatnregion. Aber unter dem Strich sind die meisten vulkanischen Ereignisse in Island als gering oder mittelschwer zu kategorisieren. Das bedeutet, dass sie weniger als einen halben Kubikkilometer vulkanischer Produkte ausstoßen und sich oft in entlegenen Gebieten abspielen. Wenn man das berücksichtigt, kann man durchaus behaupten, dass der Vulkanismus in Island nicht als generell gefährlich einzustufen ist. Das bestätigt ein Blick auf die Geschichte der Vulkanausbrüche in Island seit 1947. Keiner der Ausbrüche während dieser sechs Jahrzehnte brachte gravierende Folgen mit sich, wenn man von der Eruption in Heimaey und dem Gletscherlauf nach der Eruption in Gjálp 1996 absieht. Die jüngste Eruption im Eyjafjallajökull ist das erste Ereignis in dem gesamten Zeitraum, das von ernsthaft problematischem Aschenfall begleitet wurde. Es ist nun einmal unumgänglich, dass sich alle, die in einem Land mit derartig vielfältigem und aktivem Vulkanismus wie Island leben und arbeiten, sich mit der Möglichkeit einer schweren Eruption auseinandersetzen und sich auf katastrophale Naturereignisse mit den entsprechenden Großschäden vorbereiten.

VULKANISMUS KANN DAS KLIMA VERÄNDERN

Negative Auswirkungen schwerer Eruptionen auf Klima und Biosphäre sind schon seit langem bekannt. Große Mengen feinster Aschenpartikel in den obersten Atmosphärenschichten dämpfen teilweise die Sonneneinstrahlung. Dazu gesellen sich aber noch weitere Effekte. Säureaerosole bilden sich bei der Reaktion der vulkanischen Gase mit dem Wasserdampf in der Luft und können lange Zeit über Land und Meer liegen, länger sogar als der Aschestaub, und so die Abkühlung noch intensivieren. Die vulkanischen Gase und saurer Regen können den Boden und die Gewässer verseuchen und die Tier- und Pflanzenwelt schwer beeinträchtigen. Kälteeinbrüche über mehrere Jahre hinweg und Eintrag solcher problematischer vulkanischer Produkte vermindern oder zerstören den landwirtschaftlichen Ertrag, was zu einem Rückgang der Produktivität führt. Gleichzeitig wird der Luftverkehr in empfindlicher Weise getroffen. Betrachtet man die Eruptionsgeschichte Islands der letzten Jahrhunderte, fällt hinsichtlich der Auswirkungen die Eruption bei Laki (Skaftá-Feuer) 1783-84 deutlich aus dem Rahmen. Man nimmt an, dass bis zu 20% der damaligen isländischen Bevölkerung den vielfältigen Auswirkungen der Eruption zum Opfer fielen. Dazu kam eine Dezimierung des Viehbestandes um etwa die Hälfte in den folgenden zwei bis drei Jahren. Diese Zeit ist den Isländern als *Móðuharðindin* in Erinnerung geblieben, was im Deutschen nicht ganz so konzise als *Schlimme Zeit des Dunstes* wiedergegeben werden kann. Damals wurden klimatische Auswirkungen z.B. in England, in Frankreich, China und Nordamerika festgestellt. Die neueste Eruption im Eyjafjallajökull oder vulkanische Ereignisse im Zentralvulkan Katla bzw. dem zugehörigen Spaltensystem zu historischen Zeiten haben keine solchen Auswirkungen gehabt, da weder die Energie noch die Mengen der vulkanischen Produkte dazu groß genug gewesen sind. Als einzige historische Ausnahme kann die Eruption der Eldgjá gelten, die auf dem Spaltenschwarm des Vulkansystems Katla liegt.

VULKANISMUS UND BEVÖLKERUNG

Wenn nach positiven Aspekten des Vulkanismus in Island gefragt wird, kann man ohne weiteres auf die geothermale Energie verweisen. Sie ist im Ganzen betrachtet wirtschaftlich günstig und äußerst emissionsarm. Die Isländer verfügen über jahrzehntelange Erfahrung in der Erschließung und Bewirtschaftung dieser Energiequelle. Daneben stehen Bergbau bzw. Steinbrüche in vulkanischen Gesteinen und die Einnahmen durch Tourismus als weitere positive Auswirkungen des Vulkanismus. Dennoch darf die andere Seite der vulkanischen Medaille nicht ignoriert werden: wirtschaftliche Schäden, Beeinträchtigung von Acker- und Weideland sowie anderer, ohnehin in Island spärlich vertretener vegetationsbedeckter Regionen und schließlich Verluste von Menschenleben. In der isländischen Geschichte gibt es für all das genügend Beispiele, allerdings relativ wenig aus jüngerer Zeit. Trotz dieser Aufzählung kann allerdings nicht behauptet werden, dass die isländische Bevölkerung durch die Bedrohungen aus der vulkanischen Natur ihres Landes generell ständig in Angst schwebten. Zum einen wohnt und lebt der größte Teil der isländischen Bevölkerung nicht in unmittelbar von vulkanischen Ereignissen betroffenen Regionen. Die allermeisten Ansiedlungen sind weit von potentiell aktiven Regionen entfernt oder halten zumindest respektvollen Abstand dazu. Im 19. Jahrhundert kam überhaupt niemand durch einen Vulkanausbruch ums Leben. Im 20. Jahrhundert waren es zwar zwei Männer, die aber in der Nähe eines aktiven Kraters arbeiten mussten. Die meisten Menschen, die in vulkanischen Gebieten oder gar direkt auf einem Vulkan leben, haben sich eine ruhige Gelassenheit gegenüber der Gefahr durch vulkanische Ereignisse erworben. Außerdem vergeht in der Regel zwischen zwei schweren Ausbrüchen so lange Zeit, dass ein Vulkan als eher selten problematischer Nachbar betrachtet werden kann. Und drittens kann man davon ausgehen, dass Anzeichen für einen möglicherweise bevorstehenden Ausbruch in der Regel ausreichend früh bemerkt werden, bevor er dann tatsächlich beginnt. Touristen sind in Island bisher nie aufgrund von Vulkaneruptionen in ernsthafte Schwierigkeiten geraten. Bis jetzt haben sich vulkanische Schauspiele auf den Tourismus insgesamt eher positiv ausgewirkt, ohne dass negative Auswirkungen in diesem Bereich merkbar durchgeschlagen hätten. Dennoch und gerade deswegen gibt es allen Grund, dass diejenigen, die sich auf vulkanische Pfade begeben wollen, sich mit den notwendigen Hinweisen zum Verhalten in solchen Gebieten vertraut machen: im Telefonbuch gibt es Hinweise sowie auf den Internetseiten des isländischen Katastrophenschutzes (www.almannavarnir.is) und des meteorologischen Diensts (www.vedur.is). Die dort angegebenen Hinweise, Anweisungen oder behördlichen Verbote sollten dann auch unbedingt eingehalten werden. Der isländische Staat ist in solchen Dingen tendenziell weniger restriktiv, als das z.B. in Deutschland der Fall ist, da man Isländern nur mit sehr guter Begründung die freie Bewegung in ihrem eigenen Land verbieten kann. Ist beispielsweise der Zugang zu einer bestimmten Stelle gesperrt, bedeutet das, dass dort tatsächlich *erhebliche* Lebensgefahr herrscht.

Die Aschenmenge des Ausbruchs aus dem "Eyjó" (so nennen die Isländer den Berg manchmal, wenn selbst ihnen der Name zu lang wird) wurde neu abgeschätzt. Am 14. Mai betrug das Volumen loser Tephra etwa 250 Millionen m^3 (0,25 km^3). Seit dem Ausbruch der Katla 1918 ist in Island während einer einzigen Eruption nicht mehr so viel Tephra produziert worden. Beim Ausbruch der Hekla 1947, einem der schwersten Ereignisse im letzten Jahrhundert, waren es 0,8 km^3 Lava und immerhin 0,2 km^3 Tephra.

VULKANISMUS UND DIE WISSENSCHAFT

Isländische Geowissenschaftler, andere Spezialisten und Techniker haben ein Mess- und Überwachungssystem für die vulkanisch potentiell aktiven Regionen des Landes entwickelt sowie Methoden, um die Wahrscheinlichkeit eines bevorstehenden Ausbruches abzuschätzen und entsprechende Warnungen herauszugeben. Neue Untersuchungsmethoden in der Massenspektroskopie (chemische Untersuchungen) und Gaschromatographie, Mineral- sowie Gesteinsanalyse erweitern unser Wissen über Natur, Herkunft und Verhalten von Magmen. Bessere Radartechnik, verbesserte Methoden der Erdbebenüberwachung und Möglichkeiten der Erkundung der Topographie unter Gletschern, Messungen des Schwere- und Magnetfelds sowie der Leitfähigkeit des Untergrundes und ihre lokalen Abweichungen zählen zu den Fortschritten, die viele Aspekte der Phänomene Vulkanismus und Plattentektonik immer besser verstehbar machen. Ein großes Messnetz erfasst seit langem immer mehr isländische Vulkansysteme. Es besteht aus Seismographen und Tensiometern, die Verformungen und Spannungen der Erdkruste messen. Dazu kommen GPS-basierte Messpunkte. Alle diese Messeinrichtungen machen es den Wissenschaftlern, aber auch der Allgemeinheit (über www.vedur.is) möglich, beispielsweise vulkanischen Tremor oder Änderungen der Geländehöhe und anderes zu beobachten. Es ist bereits gelungen, die erhöhte Aktivität eines Vulkansystems zu registrieren und einen bevorstehenden Ausbruch vorauszusagen. Dieser technische Fortschritt zusammen mit der verlässlichen Beratung durch die Wissenschaftler unterstützen den Katastrophenschutz (Almannavarnadeild Ríkislögreglustjóra) und die isländische Polizei (Lögreglan) bei den Entscheidungen, welche der gefährdeten Gebiete geräumt und gesperrt werden müssen, und um Wege zu finden, die Schäden so gering wie möglich zu halten. Drei Institutionen stehen dabei im Mittelpunkt: die geophysikalische, limnologische und glaziologische Abteilung des isländischen Wetterdienstes (Veðurstofan), die geowissenschaftliche Fakultät der Universität Islands (Jarðvísindastofnun Háskóla Íslands) und das Nordische Vulkanologische Institut (das heute Norræna Eldfjallasetrið heißt). Dazu kommen noch das Naturkundliche Institut Islands (Náttúrufræðistofnun Íslands), die Geowissenschaftler der Energiebehörde Orkustofnun (die heute hauptsächlich zu der Staatlichen Energieexplorationsgesellschaft Íslenskir orkurannsóknir gehört) und einzelne an diesen Gebieten Interessierte, sowohl Isländer als auch aus dem Ausland, die mit ihrer Forschung zum Wissen über Vulkanismus beitragen. In den kommenden Jahrzehnten sind bei der Vulkanüberwachung und Vorhersage von Eruptionen zweifellos weitere Fortschritte zu erwarten. Die Isländer werden kaum umhin kommen, sich angesichts dieses machtvollen und unvermeidlichen Aspekts der Natur ihres Landes auf diesem Feld weiter zu engagieren.